EL PRONÓSTICO DEL TIEMPO

VIENTO

Un libro de Las Raíces de Crabtree

DOUGLAS BENDER
Traducción de Pablo de la Vega

Crabtree Publishing
crabtreebooks.com

Apoyos de la escuela a los hogares para cuidadores y maestros

Este libro ayuda a los niños en su desarrollo al permitirles practicar la lectura. Abajo están algunas preguntas guía para ayudar al lector a fortalecer sus habilidades de comprensión. En rojo hay algunas opciones de respuesta.

Antes de leer:

- ¿De qué pienso que trata este libro?
    - *Pienso que este libro nos dice cómo se forma el viento.*
    - *Pienso que este libro nos dice cómo se mueve el viento.*
- ¿Qué quiero aprender sobre este tema?
    - *Quiero aprender de qué está hecho el viento.*
    - *Quiero aprender cómo el viento ayuda a que las cosas vuelen.*

Durante la lectura:

- Me pregunto por qué...
    - *Me pregunto por qué no podemos ver el viento.*
    - *Me pregunto por qué podemos oír el viento.*
- ¿Qué he aprendido hasta ahora?
    - *Aprendí que el aire frío y el aire caliente crean el viento.*
    - *Aprendí que el viento ayuda a algunas personas a volar sus cometas.*

Después de leer:

- ¿Qué detalles aprendí de este tema?
    - *Aprendí que las olas son creadas por el viento.*
    - *Aprendí que el viento está hecho de aire.*
- Lee el libro una vez más y busca las palabras del vocabulario.
    - *Veo la palabra **caliente** en la página 6 y la palabra **cometa** en la página 11. Las demás palabras del vocabulario están en la página 14.*

¡Sss, sss, sss! ¿Puedes oír el viento?

El viento está
hecho de aire.

El aire **caliente**
sube al cielo.

El aire **frío** baja hacia la tierra.

Esto hace que el
viento se mueva
a nuestro alrededor.

¡El viento nos ayuda a volar nuestro **cometa**!

El viento también
hace que se formen
olas en el agua.

Lista de palabras

Palabras de uso común

a	el	hecho	que
aire	en	la	se
al	está	nos	volar
ayuda	hace	nuestro	
de	hacia	puedes	

Palabras para conocer

caliente

cometa

frío

olas

55 palabras

¡Sss, sss, sss! ¿Puedes oír
el viento?

El viento está hecho de aire.

El aire **caliente** sube al cielo.

El aire **frío** baja hacia
la tierra.

Esto hace que el viento se
mueva a nuestro alrededor.

¡El viento nos ayuda a volar
nuestro **cometa**!

El viento también hace que
se formen **olas** en el agua.

Written by: Douglas Bender
Designed by: Rhea Wallace
Series Development: James Earley
Proofreader: Janine Deschenes
Educational Consultant: Marie Lemke M.Ed.
Translation to Spanish: Pablo de la Vega
Spanish-language layout and proofread: Base Tres

EL PRONÓSTICO DEL TIEMPO

VIENTO

Photographs:
Shutterstock: Theodore Trimmer: cover; Kateryna Mashkevych: p. 1; SingerGM: p. 3; Brian A. Jackson: p. 5; Vadym Laura: p. 6-7, 14; Chalermpon Poungpeth: p. 9; Olesia Bilkei: p. 10, 14; Rileysmithphotography: p. 12, 14

Crabtree Publishing

crabtreebooks.com 800-387-7650

In Canada: We acknowledge the financial support of the Government of Canada through the Canada Book Fund for our publishing activities.

Printed in Canada/072023/CPC20230728

Published in Canada
Crabtree Publishing
616 Welland Avenue
St. Catharines, Ontario
L2M 5V6

Published in the United States
Crabtree Publishing
347 Fifth Avenue
Suite 1402-145
New York, NY 10016

Hardcover 978-1-0396-1632-5
Paperback 978-1-0396-1638-7
Ebook (pdf) 978-1-0396-1644-8
Epub 978-1-0396-1650-9
Read-along 978-1-0396-1656-1
Audio book 978-1-0396-1662-2

Library and Archives Canada Cataloguing in Publication

Title: Viento / Douglas Bender ; traducción de Pablo de la Vega.
Other titles: Wind. Spanish
Names: Bender, Douglas, 1992- author. | Vega, Pablo de la, translator.
Description: Series statement: El pronóstico del tiempo | Translation of: Wind. | "Un libro de las raíces de Crabtree". | Text in Spanish.
Identifiers: Canadiana (print) 20210230983 | Canadiana (ebook) 20210230991 | ISBN 9781039616325 (hardcover) | ISBN 9781039616387 (softcover) | ISBN 9781039616448 (HTML) | ISBN 9781039616509 (EPUB) | ISBN 9781039616561 (read-along ebook)
Subjects: LCSH: Winds—Juvenile literature.
Classification: LCC QC931.4 .B4618 2022 | DDC j551.51/8—dc23

Library of Congress Cataloging-in-Publication Data

Names: Bender, Douglas, 1992- author.
Title: Viento / Douglas Bender ; traducción de Pablo de la Vega.
Other titles: Wind. Spanish
Description: New York : Crabtree Publishing, [2022] | Series: El pronóstico del tiempo - un libro de las raíces de Crabtree | Includes index.
Identifiers: LCCN 2021024975 | ISBN 9781039616325 (hardcover) | ISBN 9781039616387 (paperback) | ISBN 9781039616448 (ebook) | ISBN 9781039616509 (epub) | ISBN 9781039616561
Subjects: LCSH: Winds--Juvenile literature.
Classification: LCC QC931.4 .B4518 2022 | DDC 551.51/8--dc23
LC record available at https://lccn.loc.gov/2021024975

Número de palabras: 55
NLG: D
Tema: Ciencias
Género: No ficción
Estándar: K–ESS3–2
Palabras del vocabulario: caliente, cometa, frío, olas

VIENTO

Este libro introduce a los primeros lectores al clima ventoso. ¡Un texto sencillo e imágenes vibrantes animan a los niños a seguir leyendo y a desarrollar su amor por la lectura!

Los libros de la serie ***El pronóstico del tiempo***:

Hielo *Lluvia* *Neblina*
Nieve *Rayos* *Viento*

Las Raíces de Crabtree

Estos libros contienen un texto simple acompañando a cada imagen para ayudar a los niños a entender mejor y aprender a leer con seguridad. Cada libro comienza con una lista de preguntas para ayudar a cuidadores y maestros a guiar a los jóvenes lectores.

Teacher's Guides

Crabtree Publishing
crabtreebooks.com

ISBN 978-1-0396-1638-7
90000
9 781039 616387